年、月、日

认识日期

贺 洁 薛 晨◎著 哐当哐当工作室◎绘

北京科学技术出版社

对鼠宝贝们来说……

一年似乎非常非常漫长。

然而，爸爸妈妈们总是说：“哎呀，日子过得真快，一年又过去了！”。

一年究竟有多长呢？

对美丽鼠来说，“一年”意味着一次烟花表演。

每年的第一天——1 月 1 日，美丽鼠一家都会去看新年烟花表演。绚烂的烟花，一年只能看一次。到下一次，要等整整一年。

月份	1	2	3	4	5	6	7	8	9	10	11	12
天数	31	28/29	31	30	31	30	31	31	30	31	30	31

在倒霉鼠眼里，“一年”意味着参加很多场生日会。

一年有 12 个月，每个月都有朋友过生日，倒霉鼠一年至少会参加 12 场生日会。有的月份有 31 天，有的月份有 30 天，而 2 月份有时是 28 天，有时是 29 天。

在学霸鼠心里，“一年”意味着每天学习新知识。

一年有365或366天。学霸鼠每年都会准备一张格子纸。每天做完作业后，他都会用彩笔给一个格子涂上颜色。格子涂完，一年也就结束了。

去年一年，倒霉鼠都没有收到过学霸鼠的生日会邀请。难道学霸鼠不喜欢他？那也太倒霉了吧！

今年，倒霉鼠早早问了学霸鼠，得知他的生日是 10 月 15 日。

可今年 10 月 15 日那天，倒霉鼠左等右等，还是没有收到学霸鼠的生日会邀请。

怎么会这样呢？这天傍晚，倒霉鼠想来想去，决定去学霸鼠家看看。

尽管有些生气，倒霉鼠还是带了一份精心准备的礼物！

“咚咚咚！”学霸鼠刚打开门，倒霉鼠就迫不及待地问：“今天是你的生日，为什么你没开生日会呢？”

“今天是我的生日，但今天也是星期四，不能开生日会。”学霸鼠回答。

	星期一	星期二	星期三	星期四	星期五	星期六	星期日
开生日会	不能	不能	不能	不能	能	能	不能

学霸鼠把倒霉鼠请到客厅，在客厅里的小黑板上画了张表格。倒霉鼠看懂了表格，却不明白学霸鼠为什么这么做。一个星期有 7 天，为什么只有在星期五或星期六才能开生日会？

原来，学霸鼠和爸爸妈妈有个约定：为了不影响第二天的学习，一个星期的 7 天中，他只有星期五和星期六可以玩得久一些。

倒霉鼠有些同情地说：“原来，我觉得自己是最倒霉的。没想到，你过生日都不能开生日会，比我更倒霉。”

学霸鼠却摇摇头说：“我倒没这么觉得。生日会虽然好玩，但我认为学习才是最有意思的事情！”

一般情况下，用年份除以4，能整除的是闰年，不能整除的是平年。但年份是整百年的，要除以400，能整除的才是闰年。

“例如，今天我就学到了一个有趣的知识，一年有365天的年份叫作‘平年’，一年有366天的年份叫作‘闰年’。”学霸鼠继续说道。

倒霉鼠太佩服学霸鼠的学习热情了！

“再过 3 天，就要期中考试了，你也要好好复习呀！”学霸鼠的脸上满是认真和严肃。倒霉鼠只记得星期一考试，但具体日期是哪天，他根本没注意。

倒霉鼠本来是想参加学霸鼠的生日会，却意外了解了学霸鼠独一无二的日常学习时间安排。最后，他把礼物——《时、分、秒》这本书送给了学霸鼠。

学霸鼠翻开书，在书上写下：2020 年 10 月 15 日，倒霉鼠赠。这是他妈妈博士鼠的习惯，现在已经变成全家人的习惯。这样，每本书都有了属于自己的生日。

学霸鼠并不是个书呆子，他和倒霉鼠约好下下个星期六一起去滑雪场滑雪。学霸鼠非常喜欢滑雪。

那天是几月几日呢？

“假如我每天都坚持做一件很小很小的事，一年后我就会有很大很大的进步。”这天晚上，倒霉鼠在日记本上写道。

每天可以做一件什么小事呢？每天背一首诗，一年后，你就能参加学校的诗词大会，说不定还能得冠军呢！

每天读 10 分钟英语，一年后你也许就能做一个简短的英文演讲；每天画一幅画，一年后你也许就能办一场小型画展……

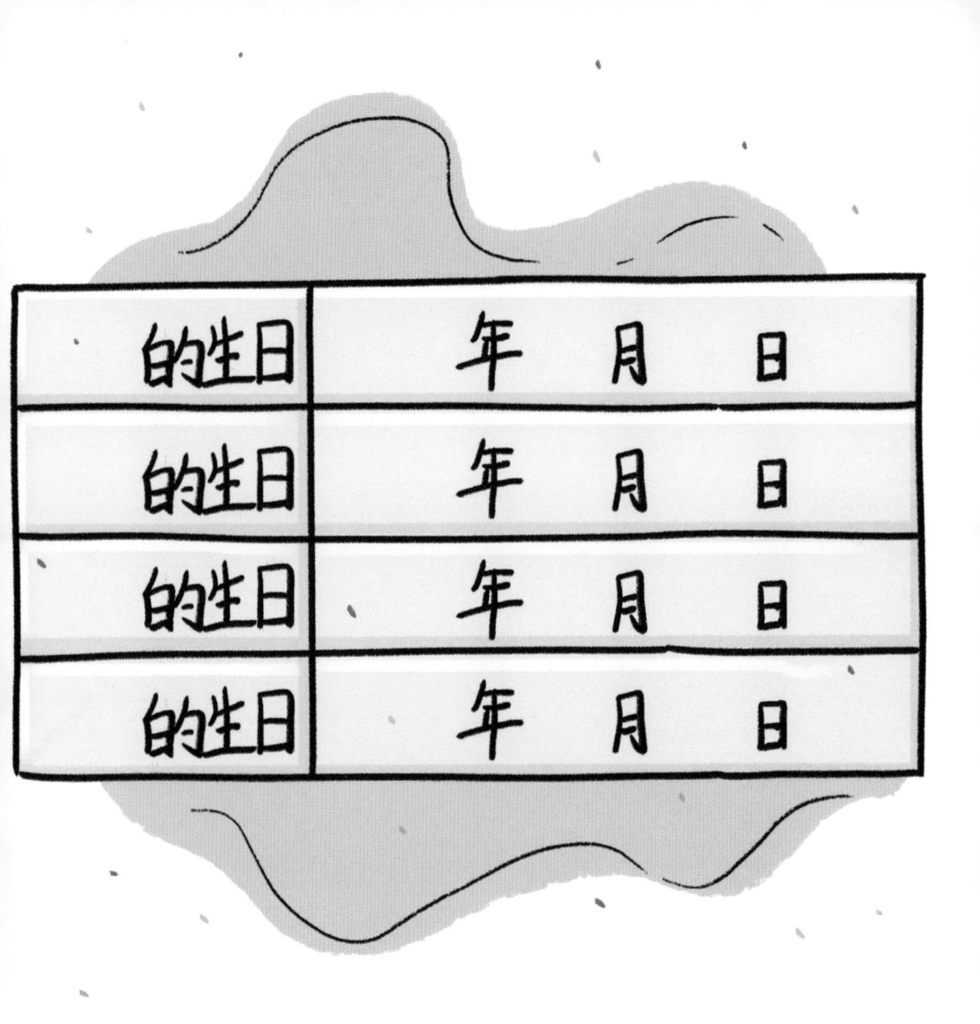

的生日	年　月　日
的生日	年　月　日
的生日	年　月　日
的生日	年　月　日

一年中有许多重要的日子，这些日子都值得我们记录下来。你知道爸爸妈妈的生日吗？试着把它们记录下来。

动手做日历

学霸日历

读完故事，你想不想拥有一个学霸日历呢？请爸爸妈妈和你一起做一个吧！

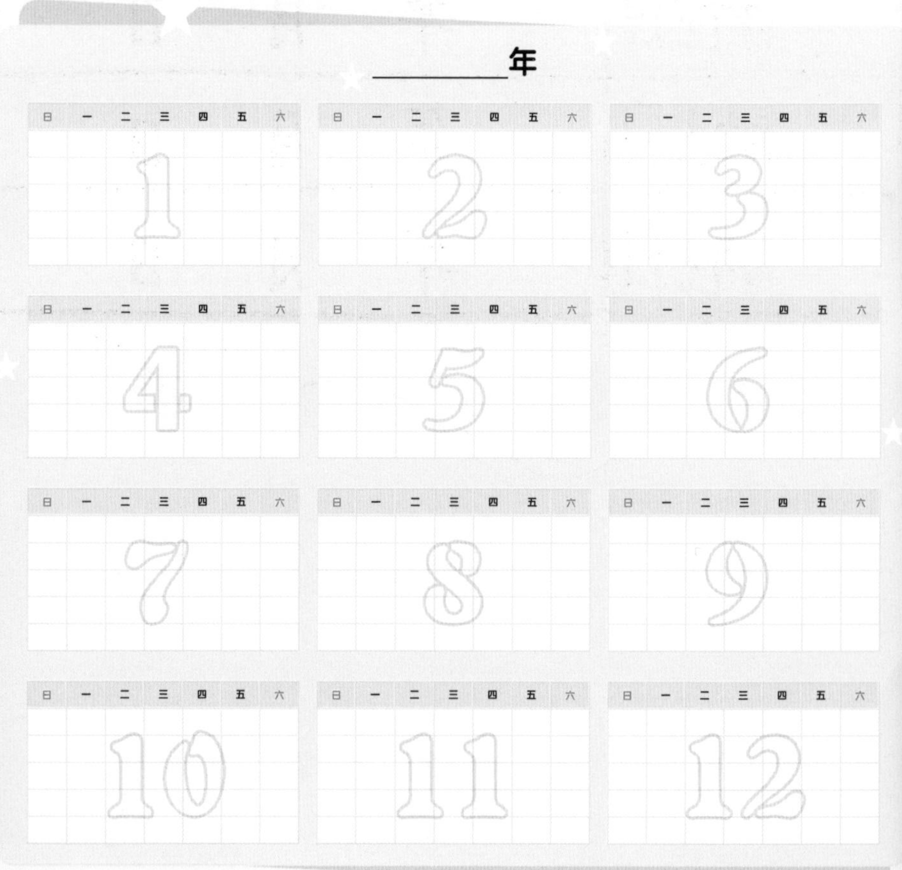